给孩子的安全生存课

如何在公共场所保护自己

万安伦 编著

中国妇女出版社

图书在版编目（CIP）数据

给孩子的安全生存课．如何在公共场所保护自己 /
万安伦编著．－－ 北京 ：中国妇女出版社，2022.7
ISBN 978-7-5127-2127-2

Ⅰ.①给… Ⅱ.①万… Ⅲ.①安全教育－儿童读物
Ⅳ.①X956-49

中国版本图书馆CIP数据核字（2022）第082112号

责任编辑：赵　曼
封面设计：静　颐
插图绘制：叶　汁
责任印制：李志国

出版发行：中国妇女出版社
地　　址：北京市东城区史家胡同甲24号　　邮政编码：100010
电　　话：（010）65133160（发行部）　　65133161（邮购）
邮　　箱：zgfncbs@womenbooks.cn
法律顾问：北京市道可特律师事务所
经　　销：各地新华书店
印　　刷：北京通州皇家印刷厂

开　　本：170mm×230mm　1/16
印　　张：8
字　　数：100千字
版　　次：2022年7月第1版　　2022年7月第1次印刷
定　　价：29.80元

如有印装错误，请与发行部联系

目录 CONTENTS

第 2 章
我在走路、坐车时能保护自己

第3章
我在外出玩耍时能保护自己

第 4 章
我遇到事情不惊慌

人物介绍

 原原：一个无忧无虑、爱幻想、爱滑旱冰的男孩。

巍巍：一个看到美食就走不动道儿的小胖墩。

 凯凯：老师眼中的好学生，同学眼中的冒失鬼。

辰辰：一个热爱游戏，喜欢冒险，寻求刺激的男孩。

 悦心：一个热爱大自然美丽风景的女孩。

第 1 章

我在公共场所
能远离危险

凯凯被困在电梯里了

凯凯很喜欢来来回回地乘坐商场里的观光电梯,方便快捷,还可以看风景。

一次,凯凯正要走进观光电梯,保安叔叔拦住了他:"这部电梯坏了,准备维修呢。小朋友,请你去坐扶梯或者走楼梯吧。"凯凯点点头,说:"谢谢您!我知道了!"

保安叔叔离开后,凯凯想:"我可以试试看吧,如果电梯不下来,我再去坐扶

梯。"于是，凯凯按下了电梯的上行按钮。

不一会儿，"嘀"的一声，电梯停在了一楼，门打开了。凯凯心想："电梯不是好好的吗？"他开开心心地迈进电梯，按下了最顶层的数字按键。

电梯慢慢地向上行，凯凯满心欢喜地看着外面的风景。二层，三层……突然，电梯里的灯熄灭了，发出了异常的响声，好像是拉动电梯轿厢的轴绳在剧烈地晃动，电梯在往下坠，一直坠落到一层才停了下来，电梯门也打不开了。

凯凯害怕极了，心想："完了，怎么办啊？谁能来救救我呀？"

紧急之中，凯凯按响了电梯里的报警电话。

不一会儿，救援人员就赶来了，将凯凯救出了电梯。

被困在升降电梯里可能会发生的危险

1. 不合适的操作会使电梯故障更严重，增加救援的难度。比如，用力扒开电梯门，或者猛踹、砸坏电梯，结果发生了电梯坠落事故。

2. 电梯发生故障时，可能会在被困者毫无准备的情况下，突然急速上升或下降，被困者就会被撞伤，甚至出现生命危险。

被困在升降电梯里怎么办

不能这么做 ✖

1. 盲目、慌乱地蹦跳、叫喊。

被困在电梯里后，难免会因为紧张、恐慌，慌乱地在电梯里蹦跳或做出其他过激行为，这样只会增加电梯轿厢的晃动和压力，引发更严重的电梯故障。

2. 强行扒开电梯门。

一旦被困在电梯里，很多人的第一想法就是想办法打开电梯门，但这种做法是非常危险的。因为电梯被困的位置可能正好在楼层中间，强行扒开门有可能导致电梯异常启动，从而发生坠落事故。

3. 尝试从电梯的紧急出口爬出去。

有些电梯的天花板上有紧急出口，不要轻率地从那里爬出去。因为紧急出口打开时，电梯会刹停，一旦紧急出口意外关闭，电梯可能会突然启动，导致人从电梯顶部摔下去。

应该这么做 ✔

1. 尝试反复按楼层键和紧急呼叫按钮。

万一电梯运行时出现故障，要保持冷静，不要惊慌：第一，将楼层按钮从上到下依次按一遍；第二，反复按警铃按钮或使用电梯里的电话通知救援。如果以上装置均已失灵，可以用手机求助；没有手机或手机没有信号，可以拍门求救。

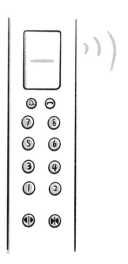

2. 冷静，保存体力。

呼救无人回应时，要冷静，稳定情绪，节省体力，注意听电梯外的动静，等待是保障安全的明智选择。

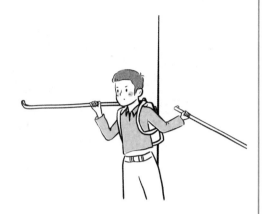

3. 学习应对电梯急速升降的科学方法。

在电梯急速上升或下坠时，应保持正确的姿势以减少伤害：背部紧贴电梯内壁，弯曲膝盖，脚向外站，这样可以最大限度地保护自己。如果有扶手，就抓紧扶手。

4. 乘坐电梯要注意观察。

乘坐电梯前，首先要看看是否放置了"停梯检修"之类的标志物。电梯停稳后，要注意观察电梯轿厢的地板和楼层是否

处在同一水平线上。如果不是，说明电梯存在故障危险，不能乘坐。

乘坐电梯时，如果电梯门运行时仍未关闭，或多次关闭不上，说明电梯有故障，不能乘坐，应立即退出电梯，同时要向维修人员报告。

别把电动扶梯当滑梯

原原跟着妈妈去逛商场。妈妈在认真地挑选东西，原原觉得很无聊，自己在商场里玩了起来。

原原跑去乘坐电动扶梯，跑跑跳跳，上上下下，玩得很起劲儿。

突然，原原发现手扶带有传送功能，就想到了一个"奇妙"的玩法，把手扶带当滑梯玩。

原原跑到电动扶梯的上端，灵活地一翻身，坐在了下行电动扶梯的手扶带上，双手抓紧，从上往下滑。"嗖"的一下，原原

就从电梯的上端滑到了下端。

原原一边大呼"刺激"，一边稳稳地从手扶带上跳了下来。

紧接着，原原又跑到另一侧的上行电动扶梯旁，爬上了手扶带。很快，原原就被带到了高处。突然，原原手一滑，重心不稳，摔了下来，吓得哇哇大哭起来。

电梯下方的一位叔叔跑上去，将原原抱了起来。

原原妈妈赶了过来，抱着原原说："原原，你以后不要做这么危险的事了！万一从上面摔下来，那可不是开玩笑的！"

在电动扶梯上玩耍可能会发生的危险

1. 在电动扶梯上蹦蹦跳跳，很容易因为踩空而摔倒，造成磕碰伤。

2. 衣服被卷进电梯中，或者手、脚被卷进电梯中，这都是很危险的。

3. 在手扶带上从上往下滑，到出口的位置很容易滑倒，或被电梯夹伤。

4. 坐在手扶带上从下往上滑，重心不稳，身体失去平衡，就会从高处坠落，导致摔伤，或发生严重事故。

如何安全地乘坐电动扶梯呢

不能这么做 ✖

在手扶带上滑行，或者因为好奇把脚靠近夹缝，或者玩逆向行走的游戏。

对小朋友来说，电动扶梯是一个高危地带，经常会发生意外。一旦发生危险，小朋友就会非常恐慌，无法冷静处理。

应该这么做 ✔

1. 小心谨慎，安全乘坐电动扶梯。

乘坐电动扶梯时，要牢记乘梯规则：上扶梯前，确定运行方向，避免逆向乘梯；进入扶梯时，不要踩在两个阶梯的交界处，避免摔倒；站在扶梯的黄色安全线内，靠右站立；不要将头和胳膊伸出扶手外，以免碰伤；小心衣摆和鞋子，避免被扶梯夹住；不要单独乘坐电动扶梯，严禁在电梯上嬉戏打闹。

2. 了解和正确使用电动扶梯的紧急制动按钮。

电动扶梯通常在扶梯上下方向的头尾两侧，靠近地面的地方设有红色的紧急制动按钮，长度较长的扶梯中部也设有紧急制动按钮。在扶梯上遇到任何紧急事故，都要在第一时间按下紧急制动按钮。但是，你不能因为觉得好玩，就随意按紧急制动按钮。

紧急制动按钮

远离漏电现场

六一儿童节到了，儿童游乐场里挂起了一圈漂亮的小彩灯，远看就像天上的星星。

孩子们正在玩捉迷藏的游戏，突然，"噼啪噼啪"的声音吸引了他们的注意力。

原原好奇地竖起耳朵，仔细地听着，"咦，这是什么东西发出的声音？"

"孩子们，小心点儿！这是电线漏电发出的声音。现在我就去找小区物业工作人员，你们离远点儿，千万不要碰！"旁边乘凉的大爷大声提醒孩子们，然后就去找物业的工作人员了。

原原发现了一个不亮的小彩灯，就伸手摸了摸："这个小彩灯不亮了，应该是没电了？我看看是怎么回事。"

突然，一道火花闪过，原原感觉自己的手被电了一下，然后就脸色惨白地倒在了地上。

就在这时，匆匆赶来的物业人员奔向旁边的电闸，关闭了电源，把原原送往医院。

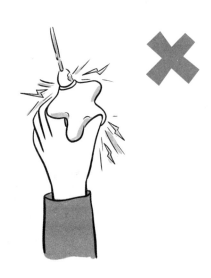

漏电可能带来的危险

1. 漏电，有时候是很严重的事故，一不小心就会触电身亡。

2. 发现漏电，还强行打开电器，会引发电路故障和更大的危险，比如烧毁电器。

发现漏电应该怎么做

不能这么做 ✖

1. 假装自己很懂。

"这个小彩灯不亮了，我知道是怎么回事儿，交给我来处理。"处理漏电不是修电器游戏，假装自己很懂，擅自处理漏电事故，很容易发生危险。

2. 玩脱落的电线。

拽住脱落的电线甩来甩去，觉得很好玩。

应该这么做 ✔

1. 发现漏电要第一时间告诉大人。

不管是什么情况引起的漏电，都不是小孩子能解决的事情。发现电线脱落，或有漏电的情况，不要冒着生命危险去碰漏电的电线、电器等，要第一时间告诉大人，让他们来处理。

那里漏电了！

触电分几种情况：如果通过人体的电流很小，触电的时间很短的话，一般不会发生生命危险；如果感到心慌头晕、四肢发麻，最好在大人的看护下休息 1—2 小时，观察呼吸和心跳情况等，便于及时处理；如果皮肤有灼伤的话，需要在伤口处敷消炎膏，以防止感染；如果触电的时间比较长，通过人体的电流就会比较大，需要进行现场抢救，做人工呼吸和心脏按压，同时必须立即拨打 120，让医务人员前来抢救。

2. 学会看安全用电标志。

红色是用来标识"禁止""停止"信息的，看到红色标识，应该严禁触碰。黄色标识是用来提醒注意危险的，比如"当心触电""注意安全"等。

当心触电　　注意安全

3. 了解一些应对触电的安全知识。

发现有人触电，应该第一时间呼叫成年人来处理；如果知道如何关闭电源，可以及时关闭电源；不要用手直接拉触电的人，可以用干燥的木棍等绝缘物品将触电者与带电的电器分开。

有人触电了!

安全知识点：
· 雷雨天在户外怎么保护自己 ·

雷雨天避险有讲究

暑假到了，巍巍、悦心和辰辰三家人一起去郊区。

三个小伙伴在草地上快乐地奔跑追逐，玩得不亦乐乎，没注意到天边黑云滚滚，还传来阵阵雷声。

悦心说："雷雨就快来了，我们快回去吧。"

辰辰玩得正开心，不想回去："雷电有什么可怕的，咱们继续玩吧。"

风越来越大，吹得树枝"哗啦啦"

作响。巍巍有点害怕，说：
"我不玩了，我要回去找爸
爸妈妈。"巍巍刚要走，一
声闷雷就在他头顶炸响了。

悦心说："那边有棵
大树，我们去树下避一避
雨吧。"

巍巍说："我们老师讲
过，雷雨天躲在大树底下是最危险的。我们还是趁着现在雨小，赶快
回去吧。"

雷雨天在户外可能会发生的危险

1. 被雷电击中，人体的各个部位可能会产生不同程度的损伤，比如肌肉痉挛、耳膜破裂、大脑损伤等。

2. 雷电的温度很高，被击中后轻则烧伤，重则失去四肢，终身残疾。

雷雨天在户外怎样保护自己

不能这么做 ✖

1. 躲在大树底下。

有些小朋友觉得枝叶茂密的大树能够遮挡雨水，站在树下不会被雨淋到，但是湿的枝叶会导电，如果打雷时站在树下，有可能被闪电击到。

2. 怕鞋子湿，选择光脚走路。

雷雨天光脚走路会增加被雷电击中的风险。

应该这么做 ✔

1. 尽量躲在安装有避雷设备的建筑物里。

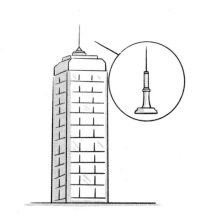

听到雷声，要抓紧时间躲进安装有避雷设备的封闭的建筑物里，保证自己的安全，尽量不要躲在车里，更不要将头、手伸到车窗外。

2. 降低身体高度，躲在低洼处。

在空旷的地方，人往往高于周围的物体，容易被雷电击中。所以，在户外避雷的关键是，不要站在比周围物体高的位置，可以找一个地势比较低的地方蹲下来，双脚并拢，尽量降低身体的高度。

这是不对的！

3. 不要站在高耸的物体下。

遇到雷雨时，不要站立在高耸的物体，比如大树、电线杆、旗杆和广告牌等下面。强大的雷电流穿过这些高耸的物体时，会使这些物体产生危险的过电压，将人击伤。

4. 不要接近建筑物的裸露金属物。

金属管线在被雷击时往往会过电，人一旦接触就会触电，轻则受伤，重则被雷击身亡。所以，打雷时不要接近裸露金属物，比如水管、煤气管和避雷针的引下线等。

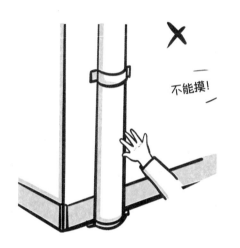

不能摸!

烟花虽美，但会伤人

春节是一个快乐的节日，悦心和辰辰一起放烟花。

悦心拿着爸爸给她买的烟花棒，可是她不小心引燃了另一只手上拿着的一大把，结果伤到了脸。虽然爸爸妈妈离悦心只有几步远，但是也没来得及阻止意外的发生。

那边，辰辰还没来得及将点燃的鞭炮抛出，鞭炮就爆炸了，导致手和眼睛周围多处受伤。

所以，这个春节对悦心和辰辰来说并不美好……

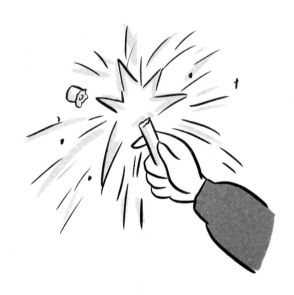

燃放烟花爆竹可能会发生的危险

1. 烟花爆竹是以火药为主要原料制成的，引燃后通过燃烧或爆炸，产生光、声、色、形、烟雾等效果，用于观赏，具有易燃易爆的特点。

2. 每年春节长假，总有小朋友因燃放烟花爆竹不当，而导致自己或他人受伤入院治疗。

3. 如果在易燃易爆物旁，比如在汽车旁边燃放烟花爆竹，还可能引发火灾或爆炸，造成财产损失，也可能造成人员伤亡。

4. 在建筑物内燃放烟花爆竹，会炸坏物品，还可能会炸伤人。

燃放烟花爆竹时要注意什么

不能这么做 ✖

1. 自己偷偷地燃放烟花爆竹。

小朋友一定要得到爸爸妈妈的允许，并有父母或其他成年人的陪同才能燃放烟花爆竹。因为大人更懂得如何预防危险，将危险降到最低。

而且，一般情况下，大人会购买正规厂家生产的检验合格的烟花产品，这也会降低燃放烟花爆竹的危险。

2. 再次点燃瞎火的烟花爆竹。

如果点燃的烟花爆竹没有响，不能马上再次点火，更不能着急靠近去看。万一瞎火的烟花爆竹突然炸开，就会对人造成伤害。

3. 将燃放的烟花爆竹丢进密闭容器或下水道等处。

把燃放的烟花爆竹丢进密闭容器，会发出更大的声音，给人更刺激的感觉，但是容器会被炸裂或炸飞，给自己和他人造成人身伤害。

下水道属于易燃易爆的地方，将燃放的烟花爆竹丢进去，会造成巨大的爆炸事故，危及生命安全。

应该这么做 ✔

1. 正确选择燃放地点。

不能在室内燃放烟花爆竹，也不能对着人燃放，应该在空旷、平坦的地方燃放；不得在市场、剧院、繁华街道等公共场所，靠近易燃易爆物品的地方，以及古建筑、山林等地方燃放。燃放烟花爆竹要遵守当地政府的相关规定。

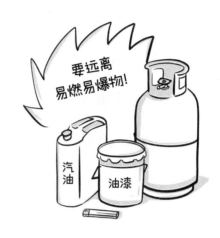

要远离易燃易爆物!

汽油

油漆

2. 掌握正确的燃放方法。

小朋友只能燃放适合儿童玩的烟花爆竹，并且要在父母或其他成年人的监护下用正确的方法燃放烟花爆竹。

3. 被烟花爆竹炸伤后的处理方法。

一旦被烟花爆竹炸伤，如果皮肤表面能看见异物，要立即清除，用洁净的冷水冲洗。

如果眼睛被炸伤，由于水与爆竹中的化学物质可能会产生反应，造成眼睛烧伤，所以千万不能用水冲洗；同时，也不要用手揉搓眼睛，应该立刻让爸爸妈妈带着去看医生。

公共场所有哪些危险

你知道在公共场所，比如公园、商场、游乐场等，小朋友最容易发生的安全意外是什么吗？根据新闻报道和相关数据统计，在公共场所，时有发生的安全意外是走失、走散，撞伤、摔伤。所以，对小朋友来说，一定要了解公共场所可能会有哪些危险。

不管是商场，还是超市、游乐场等，公共场所的一个共同特征是人流量大，稍不注意，小朋友就可能与爸爸妈妈走散，或者被撞伤、挤伤。

很多公共场所都会有儿童游乐设施，有些小朋友特别好动，结果从运转的游乐设施上摔下来，或者被别的小朋友伤到。

那么，在公共场所应该如何保护自己呢？记住，不管在哪里，都要遵守公共秩序，避免自己受到伤害，同时也不给他人带来麻烦。比如，在大型商场，不要爬自动扶梯和防护栏等；在超市，不要把购物车当玩具车，不要在货架之间奔跑打闹；在游乐场，要严格遵守安全规则，佩戴好相关的安全保护装置，不玩与自己身高、年龄等不相符的游乐项目等。

在不能确保自身安全的情况下，千万不能自告奋勇，冲动地去帮助意外受伤的小伙伴，而是要寻求成年人的帮助，比如喊叫商场的保安等工作人员。当然，扶起跌倒的小朋友这类事情，还是可以做的。

第 2 章

我在走路、坐车时
能保护自己

过马路要看红绿灯

辰辰着急去看儿童剧，慌慌张张跑出家门。

"记住啊，过马路要走人行横道，看到绿灯才可以走。"妈妈大声嘱咐辰辰。

辰辰来到人行横道前。可是，就在辰辰走到马路中间时，绿灯变成了红灯。辰辰只好站在原地等着，可是他越等越着急："怎么办呀？时间快到了，迟到就赶不上看《大闹天宫》了。"

这时，旁边一位叔叔一边打电话，一边大步向前走。

辰辰想："叔叔可以走，我也可以走。"于是，辰辰赶紧跟着叔叔往前走。

快到马路边时，一辆汽车飞快地驶来，司机没看到紧跟在大人身后的辰辰，眼看着就要撞上辰辰了。司机为了不撞上辰辰，赶紧打方向盘，却没想到与旁边的一辆汽车撞上了。

结果，辰辰也被剐倒了。辰辰的胳膊受伤了，不但没看成儿童剧，还要好长一段时间行动不便。

不遵守交通规则，乱穿马路可能会发生的危险

1. 过马路时闯红灯，很容易就像辰辰一样，被正常行驶的车辆剐蹭，或摔倒，或骨折，甚至有生命危险。

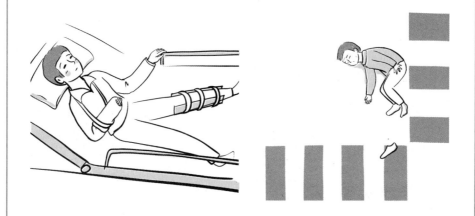

2. 过马路时闯红灯，很容易引发连锁交通事故，对他人的生命、财产安全造成危害。

我们应该怎么过马路呢

不能这么做 ✖

1. 为了赶时间闯红灯。

为了赶时间，心存侥幸，放松警惕。你要记住，不论多么着急，都不能闯红灯。

2. "没事，我就闯一次红灯。"

有些小伙伴觉得自己偶尔闯一次红灯没事。不管怎样，闯红灯都是不对的，是非常危险的事情。

应该这么做 ✔

1. 过马路一定要走斑马线。

斑马线一般是由多条相互平行的白色实线组成的，很像斑马身上的条纹，所以称作"斑马线"。斑马线是行人的"生命线"，过马路

一定要走斑马线。

2. 任何时候都要遵守交通规则。

如果跟朋友约好了时间，担心迟到了，可以提前打电话跟朋友说一下情况。如果像辰辰一样为了赶时间闯红灯，结果受伤住院，就得不偿失了。

3. 过马路要举手示意。

在没有红绿灯的路口过马路时要举手示意。举手示意是在告诉司机"我要过马路了，请你慢一点儿／停一停"。举手示意后，要看到对方减慢速度或停止时再过马路。

别当马路"吸尘器"

辰辰特别喜欢车，小时候都是在书和电视里看各种各样的汽车。上了小学后，辰辰有了独自活动的机会，他有时候会站在马路旁看路上的车。

他看到马路上有各式各样的车，有小汽车、出租车、公共汽车、消防车、道路清扫车，有时还能看到挖掘机和压路机。

有一天，妈妈对他说："宝贝，你别总站在马路边看汽车。汽车排放的尾气很臭，而且有毒，对身体不好。"

辰辰却没有把妈妈的话当回事儿。每天放学后，辰辰还是一有机会就站在马路边看汽车，妈妈也拿他没办法。

过了一段时间，辰辰出现了四肢无力、食欲不振、恶心、呕吐、消化不良等症状。

妈妈带辰辰去了医院。医生检查发现，辰辰的血铅含量远远超过了正常值。

医生对辰辰说："小朋友，别当马路'吸尘器'，以后可不能总待在马路边看汽车了。"

在马路边玩耍可能会发生的危险

1. 影响交通秩序，引起堵车、撞车等，对司机和行人造成危险。

2. 自己很容易被来往的车辆撞到，可能被蹭伤，甚至有生命危险。

3. 长时间待在马路边玩耍，可能会像辰辰一样，吸入大量有害的汽车尾气，导致血液中的铅含量超标，影响身体健康。铅中毒会造成腹泻、呕吐或食欲不振，还会影响智力、改变性格，比如神经衰弱、运动和感觉障碍、易暴躁等。

在马路边行走时应该注意什么

不能这么做 ✖

1. 在马路上追逐打闹，或者快速穿行马路。

一些小朋友认为自己很小心，只要注意来往的车辆就不会有危险。其实，在马路上玩耍，很多危险都不可预见，比如，脚卡在窨井盖子里、掉进窨井，又或者被急驶的汽车撞到。

2. 下雨天在马路上玩积水。

很多小伙伴在下雨天看到积水很兴奋，喜欢踩水玩。有些积水看上去不深，其实水量大，水位又深，有潜在的溺水危险，还可能引发触电。雨天溺水身亡或触电身亡的事件屡次见诸报端。

应该这么做 ✔

1. 不要在马路上、马路边玩耍。

一定要有马路安全意识，不要因为贪玩，就在马路上、马路边、马路口玩耍。

2. 及时劝阻在马路上玩耍的小伙伴。

看到有小伙伴在马路上、马路边玩耍，要及时劝阻，阻

快点儿离开！

止不了就赶紧告诉大人。

3. 遵守规定，不攀爬马路上的栏杆。

我们每个人都要自觉遵守交通规则，不要做违反规定的事情，不攀爬、不破坏马路上的防护栅栏，不翻越隔离带，也不在马路上玩耍、逗留。

这是不对的!

骑车比赛很危险

辰辰爸爸带着辰辰和凯凯来到小区的广场，两个人约好一起骑车。

"辰辰，你骑慢一点儿！别骑太快了！"辰辰爸爸大声喊道。

辰辰扭过头去看了看凯凯，大声说道："你来追我呀！我们比赛，谁先骑到那棵树下，谁就是第一名。"

辰辰双腿用力，加快了骑行速度。凯凯也开始加速，全力追赶，"辰辰，你等着！

让你看看我的厉害！"

辰辰看凯凯追了上来，蹬得更快了。

忽然，辰辰看见侧面有两个小朋友追逐着跑了出来，赶紧刹车、转弯，往旁边躲闪，却摔倒在地上。

紧跟在后面的凯凯撞上了辰辰的自行车，也摔倒在地上。

赶过来的辰辰爸爸仔细检查了辰辰和凯凯的身体，说道："幸好你们都没有受伤，也没撞到人。"

辰辰爸爸接着说道："骑车比赛很危险。以后，你们一定要骑慢点儿，要注意安全。"

辰辰和凯凯点了点头。

儿童快速骑自行车可能会发生的危险

1. 撞到他人或物体。

小伙伴们的应变能力相对比较弱，一旦遇到突发状况，就很容易撞到行人或路边的物体。

2. 摔伤。

骑得太快，遇到紧急情况来不及刹车，结果车翻人倒，导致摔伤。

儿童骑自行车时应该注意哪些安全事项

不能这么做 ✖

认为自己已经学会了骑车，可以去马路上骑。

法律规定，未满 12 周岁的儿童不能在马路上骑自行车。只有年满 12 周岁，孩子在辨识能力、遵守规则等方面才能够独自应对道路的交通状况。你有可能长得很高，骑车技术也很熟练，但并不是说会骑车就可以去马路上骑，因为你还需要了解交通规则。

应该这么做 ✔

1. 学习骑车时要有大人的陪伴。

2. 骑车时不要比赛追逐。

慢慢骑!

小朋友骑车时，如果比赛追逐，速度太快容易撞到别人，自己也有摔伤的危险。

3. 骑车时要注意周围的情况。

骑车时，要注意跟小朋友保持安全距离，避免发生碰撞和摔伤。

4. 养成骑车前检查车辆的习惯。

骑车前要先检查车辆的铃、闸（刹车）、锁等是否有效，确定没有问题后才可以骑行。

坐公交车的安全守则

放学了，辰辰和几个同学准备搭乘公交车回家。

"哇！车来了，我要先上！""我先上！我先上！"

公交车还没停稳，辰辰和小伙伴们争相追赶，他们一下子就冲到

了马路上。

公交车司机急忙刹车，才

没有撞上他们。但是，车上的

乘客们都被急刹车弄得前后摇

晃，差点儿摔倒。

车门开了，小朋友们一拥

而上。上车后，小朋友们高声

说笑，嬉戏打闹，推推搡搡。

辰辰把书包往座位上一扔，向上一跳，双手拉住两个圆环拉手："瞧我的！"辰辰玩起了"吊环"游戏。

售票员阿姨连忙走过来制止小朋友们："你们都是小学生了，应该知道这样做很危险吧？"

小朋友们都羞愧地低下了头，默不作声，恨不得马上下车。

终于，公交车到站了。车门一开，辰辰第一个冲了下去。突然，"嗖"的一声，一辆摩托车从辰辰面前飞驰而过。

辰辰吓坏了，跌坐在地上，半天没缓过神来。其他几个小朋友也吓坏了。

在公交车上打闹可能会发生的危险

1. 在公交车上嬉笑玩闹，如果公交车突然急刹车，有可能磕碰或摔倒，严重的可能会造成伤残。

2. 在车上嬉笑打闹，可能会对其他乘客造成伤害，比如撞倒乘客。

乘坐公交车时应该注意哪些安全事项

不能这么做 ✖

1. 觉得好玩，乱动车上的设施，把手伸出窗外。

不要乱动车内的设施，以免引发装置报警。

不要把头和手等身体部位伸出窗外，以免被别的车剐蹭。

2. 在公交车上直接冲到小偷面前指认。

在公交车上看到小偷，就直接跑到小偷面前指认，可能会激怒小偷，对自己的人身安全构成威胁。如果小偷随身携带了凶器，有可能会伤害比他弱小的人。

应该这么做 ✔

1. 等车停稳后依次上下车。

等车停稳后，注意观察后方是否有车辆或行人经过，确认安全后再上下车。

如果公交车上的人太多，就等下一趟车。很多小朋友为了赶上公交车，会跟着公交车奔跑，这是非常危险的，容易引发交通事故。

人多，我等下一趟。

2. 在车上不要嬉笑打闹。

在公交车上，要安静地坐在座位上，或拉着扶手站好。不要嬉笑打闹，否则一旦司机急刹车，就很容易摔倒、磕伤等。

3. 碰到事情不慌张，随机应变。

在公交车上看见小偷小摸的行为，或者看见暴露狂等，要努力克制住恐惧心理，想办法提醒司机或者乘客，告诉他们车上有小偷、坏人。

有小偷！

小汽车 "安全知识包"

今天放假，原原的爸爸要带原原和凯凯一起去公园游玩。

"哇！车来了，我要先上！"

车子还没停稳，原原就冲到副驾驶车门的位置等候，凯凯也跑了过去。

凯凯和原原都想坐在副驾驶的位置上，车门一打开，两个人就争抢起来。

原原爸爸连忙下车，拉住了两个孩子，严肃地对他们说："小朋友坐在副驾驶的位置上很危险。如果汽车在行驶过程中紧急刹车，安全气囊会弹出来，直接打中小朋友，造成严重的事故。你们俩要记住，小朋友要坐在后排，并且要系好安全带。"

听完原原爸爸的话，原原和凯凯坐到了后排座位上，系好了安全带。

过了一会儿，原原趁爸爸不注意，打开了车窗，将上半身探出去，说道："好舒服的风啊！"

　　听到原原的说话声，爸爸才发现原原将上半身探出了车窗，立刻大声对原原说："原原，好好坐在座位上！趴在车窗上很危险，万一被别的车辆撞到，你可能就没命了！"

　　原原刚坐回座位，一辆车就紧贴着他们的车子飞快地驶过去了。

　　原原被吓到了，说："爸爸，我错了！我记住了！"

把头或手臂伸出汽车窗外可能会发生的危险

1. 容易被对面来的车辆蹭到，甚至可能发生生命危险。

2. 容易被路边的树、标志杆等刮伤、撞伤。

3. 很多汽车的车窗、天窗等具有熄火自动闭合功能，万一车辆突然熄火，伸到窗外的头和手就可能被夹住。

乘坐小汽车时需要注意哪些安全事项

不能这么做 ✖

1. 坐在副驾驶位置。

有些小朋友喜欢坐在副驾驶位置，觉得视野更开阔，但这是非常危险的。目前大部分汽车厂商都会警示：12 周岁以下（或 1.4 米以下）的儿童不宜坐在前排。小朋友相对比较矮小，坐在前排，一旦司机遇到紧急情况刹车，就会被安全气囊打中受伤。

2. 将身体部位探出窗外。

汽车的行驶速度非常快，有时候来不及反应，就可能被撞伤。

应该这么做 ✔

1. 坐在后排，系好安全带。

2. 不把头、手等伸出窗外。

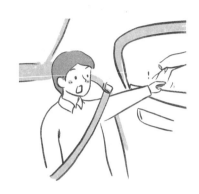

不能动！

3. 不乱动车上的按钮。

乱动车上的按钮有可能造成汽车故障，引发事故。

4. 养成正确的开门下车的习惯。

要尽量从车辆的右边车门下车，下车开门之前要注意前后方有没有来往的车辆和行人，防止车门撞到别人或车辆，也防止自己被撞到。

乘坐地铁守规则

悦心有一个小小的愿望，就是去超级儿童乐园痛痛快快地玩一次。

在她生日那天，爸爸妈妈满足了她的愿望。

一大早，一家人乘坐地铁从城西赶往城东，他们要在超级儿童乐园开开心心地玩一整天。

傍晚，悦心一蹦一跳地跟在爸爸妈妈的身后，心满意足地走进地铁站，准备乘坐地铁回家。

"注意，列车进站，请站在

黄色安全线外等候，不要拥挤。"

悦心听到广播，向后退了一步，站到了黄色安全线外。

"一会儿列车来了，不要着急，要先下后上。如果关门铃声响了，不要往车上挤，我们等下一趟车。"妈妈摸着悦心的头说。

列车进站了，地铁门开了。悦心着急上车，紧紧地跟着排队的人往前移动。

悦心刚走到屏蔽门前，关门铃声响了。悦心却忘了妈妈刚刚叮嘱自己的话，着急往车上挤。结果，悦心挤上了车，可是她包上挂着的毛绒小熊被夹在了车门外，爸爸妈妈也没上车。

"爸爸——妈妈——！"悦心害怕得快哭了。

地铁工作人员重新开启了列车门，悦心转身走下列车，扑进了妈妈的怀抱。

乘坐地铁抢上抢下可能会发生的危险

1. 抢上抢下可能会被列车门、屏蔽门夹伤，或被拖拽而受伤。

2. 被车门夹住后，可能会导致车门出现故障，引发地铁全线拥挤，给乘坐地铁的人带来不便。

乘坐地铁时要注意哪些方面的安全

不能这么做 ✖

1. 大家都在挤，我也挤。

有些人看到别人挤，自己也跟着挤，这很危险。因为小孩子个头小，容易被挤伤。

2. 大声喧哗。

在地铁站要遵守公共场所的规则，要安静地等待列车的到来，不要大声喧哗。

应该这么做 ✔

1. 站在黄色安全线外等候列车。

等候地铁时，要站在黄色安全线外，不要探头张望。如果站在黄色安全线内，有可能会被人推搡后掉下站台，也可能被进站的列车产生的气流卷向列车。

2. 不要抢上抢下，注意脚下安全。

要等列车停稳后，先下后上，不推不挤。当指示灯闪烁、铃声响起时，不要强行上下车，也不要阻挡列车门或屏蔽门关闭。

上下车时要注意列车

和站台之间的空隙和高度差，以免发生意外。

不慎掉下站台该怎么办

不慎掉下站台时，首先应该大声向站台工作人员呼救，工作人员会采取停电措施救助。切忌盲目爬上站台，以免发生触电事故。

有列车驶来，最有效的办法是立即紧贴里侧墙壁站立，注意使身体尽量紧贴，以免通过的列车剐蹭到身体或衣服。带电的接触轨通常在靠近站台的一侧。千万不可就地趴在两条铁轨之间的凹槽里。

怎样才能减少交通事故

交通事故在青少年发生意外伤害和死亡中占首位原因。根据世界卫生组织统计，每年因为交通事故，有数十万儿童致残，有 18 万名以上的 15 岁以下儿童死亡。在步行交通事故中，危险人群是 5—9 岁的儿童；在驾车事故中，危险人群是 10—14 岁的儿童。

根据公安交通部门的交通事故档案，儿童交通事故的责任方多半是受害儿童，因为其不遵守交通规则而发生的车祸在交通事故中占大多数。比如，低龄儿童穿越马路时没有成年人的带领，不走人行横道，闯红灯，在马路边玩耍；在机动车道上骑自行车，骑车下坡不减速、猛拐、逆行等。在自行车交通事故所导致的伤亡中，青少年是高危人群。

如何最大限度地避免发生交通安全事故，遇到交通事故又该如何处理呢？

我们的建议如下：

1. 严格遵守交通规则。

2. 积极地向他人宣传交通规则，勇敢纠正、制止他人违反交通法规的行为。

3. 爱护交通标志、设施。

4. 遇到交通事故，要积极帮助维护现场、抢救伤者，并及时报警，积极向交警或有关人员提供证据或线索。

5. 认真学习交通事故急救方法。

（1）向旁人请求支援。小朋友遇到交通事故时，一定要向大人求救，及时拨打120救护电话。

（2）车祸会对伤者造成程度不一的伤害，最重要的是沉着应对。千万不能随便挪动受伤者的身体，因为车祸经常会伤及颈部骨头和神经，挪动受伤者的身体可能会加重伤害。

从原则上说，尽量不要移动受伤的人，但是如果发生事故的地方属于危险地带，就需要找人帮忙小心地将伤者搬移至安全地带。

小朋友，如果你是一名交通安全专家，有什么方法可以尽可能地减少车祸呢？你想到什么好方法了吗？在科技高速发展的今天，我们是不是可以通过大数据、人工智能等技术进行交通事故的数据统计、分析，以及制定相应的解决方案呢？

第 3 章

我在外出玩耍时
能保护自己

安全知识点：
·不能把超市购物车当玩具车·

购物车不是滑板车

辰辰跟着妈妈去超市。

"辰辰，妈妈去趟洗手间，你乖乖地在这里等妈妈，哪里也别去。"

辰辰点点头说："好，我知道了。"

可是，妈妈才离开一会儿，辰辰就待不住了。他百无聊赖地在超市里走来走去，看看这儿，摸摸那儿。

"咦，这儿有一辆空的购物车。"辰辰推着购物车转了一圈，然后一脚踩在购物车后面的横轴上，另一只脚在地上用力一蹬，整个人站在了购物车上。

购物车开始快速地向前滑去。突然，购物车不受控制地飞快滑着，眼看着就要撞上货物架了。

"啊！"辰辰一下子慌了神，不知道该怎么办。

幸亏旁边正在理货的工作人员反应快，一把抓住了购物车，让它停了下来。

把超市购物车当滑板车可能会发生的危险

1. 购物车的稳定性比较差，把购物车当作滑板车，很容易发生侧翻。

2. 购物车快速滑动时，不好控制方向，会撞到别人或撞倒货架。如果工作人员没有及时帮助辰辰停下来，辰辰可能不仅会撞翻货台，自己也会受伤。

如何正确地使用购物车

不能这么做 ✖

1. 站在或坐在购物车里玩。

站在或坐在购物车里，趴在购物车的边缘，将身体探出购物车，很容易发生侧翻。

2. 用购物车玩碰车游戏。

把购物车当成"战车"，和小伙伴一起玩碰车游戏，结果导致摔伤或撞伤。

应该这么做 ✔

1. 不玩超市的购物车。

2. 爱护公用物品，正确地使用购物车。

踩在购物车后面的横轴上玩耍，既容易损坏购物车，也很不安全，一不小心就会翻车摔倒。

3. 及时劝阻危险行为。

看到有小伙伴在玩超市购物车，要立即劝阻，告诉他玩购物车有危险。

不能玩!

马路不是轮滑场

"丁零零！"下课铃响了。

"原原、凯凯，放学了我们去滑轮滑吧？"巍巍说。

原原说："好啊，好啊！我们去马路边滑轮滑吧。"

三人手牵着手来到马路边。原原和巍巍开始穿戴护具。

"凯凯，你怎么不戴护具啊？这样会受伤的。"原原问凯凯。

"没事！没事！我滑得挺好

的，不用戴护具，戴着不舒服。"凯凯说。

"看我给你们表演一个我新学的动作。"凯凯一边滑一边说，"我厉害吧？哈哈哈！"

"凯凯，你慢点儿！人多，别摔着！"巍巍喊道。

"凯凯，你注意安全！"原原也喊道。

"没事，我已经练得很熟练了……哎呀！"突然，凯凯重重地摔了一跤，"呜呜呜，摔死我了，好疼啊！胳膊摔破了。"

在马路上滑轮滑可能会发生的危险

1. 马路上人多、车多，一不小心就会撞到人，或被撞伤。

2. 很容易引发交通混乱或交通事故。

滑轮滑时应该怎么做

不能这么做 ✖

1. 自认为本领高，不会出事。

不管技术多好，都要在专门的运动场地上滑。在马路上滑轮滑，一不小心就会发生碰撞事故。

2. 觉得在马路上滑轮滑很酷，与众不同。

与生命安全相比，与众不同、酷不酷都是不值一提的。不管做什么运动，首先都要保护好自身的安全。

应该这么做 ✔

1. 要在专门的轮滑道上滑轮滑。

2. 穿戴好防护装备。

滑轮滑时要穿戴好护具，保护好自身的安全。

3. 劝阻小伙伴在马路上滑轮滑。

轮滑是运动工具，不是交通工具。把轮滑当交通工具，穿着轮滑鞋上马路，是非常危险的。

危险!

野外蘑菇不要采

星期五，辰辰和原原参加了一个夏令营活动，他们一起跟着老师去郊游——去郊区爬山。

大家一边爬山，一边欣赏山里的风景。突然，辰辰发现一旁有很多漂亮、鲜艳的大蘑菇，蹲下身子采了一大把，兴奋地拿给原原看。

原原问辰辰："这些漂亮的大蘑菇在哪里采的呀？"

辰辰指着旁边的草丛说："喏，那边草丛里有好多蘑菇。你看，它们多

鲜艳、多好看啊！"

原原说："真的好漂亮啊！"

原原接着说道："辰辰，我们拿给老师看看吧。"其他同学也一起跟了过来。

老师举起一朵蘑菇，大声问道："这朵蘑菇好看吗？"

"好看！漂亮！"大家回答道。

老师又接着问道："大家觉得它能吃吗？"

孩子们七嘴八舌，有的说能吃，有的说不能吃。

老师做了一个暂停的手势，孩子们都不再发出声音。

接着，老师大声说道："大家一定要记住，很多漂亮的蘑菇和植物都是有毒的，不能随意触碰和采摘，更不能吃。"

随意采摘蘑菇有哪些危险

1. 蘑菇的种类很多，一些蘑菇是可以安全食用的，但有一些蘑菇是有毒的。一般颜色鲜艳的蘑菇是有毒的，鲜艳的颜色是一种警戒色，提醒其他生物不要靠近，从而达到保护自己的目的。

2. 吃了含有剧毒的蘑菇可能会导致中毒身亡。

看到野外的蘑菇应该怎么做

不能这么做 ✖

1. 自认为读过讲蘑菇的科普书，知道哪种蘑菇没有毒，就采摘回家打算食用。

2. 觉得好看的东西都是好吃的。

有些小朋友采到鲜艳的蘑菇就放进嘴里尝，结果导致中毒。

应该这么做 ✔

1. 不吃野外的蘑菇。

野外的蘑菇很多是有毒

的，不小心食用后，就有可

能产生中毒反应。

不能吃!

郊游或外出时，不要触

摸和采摘不认识的植物，更不要随便食用。

2. 及时提醒小伙伴有危险。

发现小伙伴采摘蘑菇准

备带回家吃，一定要立刻上

前劝阻。

不能吃!

亲近动物要谨慎

辰辰妈妈带着辰辰、凯凯和巍巍去郊区的小农场玩。

刚到那儿，辰辰妈妈便叮嘱他们："你们不要乱跑，也不要乱碰乱摸小动物！"

"你们看那边有匹小马！"巍巍说道。

"好可爱啊！"凯凯说。

"我们过去摸摸它吧，好可爱啊！"巍巍说。

辰辰说："可是妈妈刚刚说了，不让我们乱跑。"

"我们过去摸一下就走，没事的。"巍巍说。

三个人悄悄地向小马跑去。

"我摸到小马的尾巴了！"巍巍说。

"辰辰，你们怎么乱跑啊，快点儿回来！"辰辰妈妈大声喊他们。

三人听到后吓了一跳，巍巍一哆嗦拽了一下马尾巴。小马受到惊吓，抬起后蹄往后踢了一下，巍巍急忙躲闪开。

看到被小马吓坏的巍巍，辰辰妈妈又生气又心疼，赶紧把他拉开了。

逗弄动物可能会发生的危险

1. 很多动物身上带有细菌和寄生虫，触摸后很容易被感染。

2. 逗弄动物，可能被踢伤、抓伤或咬伤。

3. 如果逗弄的是猛兽，比如老虎、狮子等，它们被惹急了，还可能冲破笼子，攻击游人。

4. 如果坐在车里参观猛兽区，打开车窗给它们投食，有可能成为猛兽攻击和撕咬的目标。经常有新闻报道，有人因为在野生动物园违规下车，被老虎等猛兽叼走、咬死。

和动物相处时需要注意哪些安全问题

不能这么做 ✖

1. 近距离给动物喂食。

大家参观动物园的时候，必须在饲养员的指导和保护下给动物喂食，不然随便投喂很不安全，容易被动物抓伤、咬伤。

2. 喜欢动物，跟动物近距离接触。

记住，不是所有的动物都可以近距离接触。虽然很多猛兽都用铁栏杆围了起来，但是如果近距离接触它们，还是有可能被抓伤或咬伤。

应该这么做 ✔

1. 跟动物保持距离。

不管是在动物园，还是在户外，跟各种动物接触时都要小心谨慎，保持一定的距离，才能确保安全。很多动物看上去很温顺、很可爱，在受到惊吓时也会对人造成伤害。

别摸!

2. 与动物合照时不能开闪光灯。

相机的闪光灯会让动

咔嚓!

物受到惊吓，变得暴躁，突然攻击游客。

参加集体活动时要注意什么

1. 活动期间一切行动听指挥，要跟紧带队的老师，避免走丢。

2. 如果有突发情况，一定要及时告诉带队老师。

3. 语言和行为要文明，要爱护公共设施，不乱涂乱写，注意公共卫生，不乱扔果皮纸屑，保持活动场地的清洁卫生。

下水前忽视热身有危险

终于盼来了快乐的暑假，悦心一家和巍巍一家一起到海边度假。

巍巍和悦心开心极了，迫不及待地想下海戏水。

他们迅速换上泳衣。只听"扑通"一声，巍巍第一个跳进海里。

他一边在海里开心地玩耍，一边喊悦心快点儿跟上。可是，悦心在海边不慌不忙地做起了热身运动。

巍巍看着悦心的样子，笑着说："喂，你做什么热身运动啊？不用做了，快点

儿下来一起玩！"

他们在水里游了一会儿，巍巍突然大声叫起来："啊！腿……我的腿抽筋了……妈妈！妈妈！"

一位叔叔听到巍巍的呼叫声，急忙跳进海里将巍巍拉了上来。

叔叔帮巍巍按摩抽筋的小腿，缓解了抽筋的症状。接着，叔叔看着巍巍认真地说道："小朋友，你下次下水前一定要做好热身运动，知道了吗？"

巍巍含着眼泪点了点头。

下海前不做热身运动可能会发生的危险

下海前不做热身运动，可能就会像巍巍一样出现腿部抽筋的情况。如果没有像巍巍一样及时得到救助，可能就会被大海吞没，丢了性命。

下海前要做哪些准备

不能这么做 ✖

1. 认为自己身体好，不需要热身。

有些小伙伴认为自己的身体很好，气温也很高，下海前不需要做热身运动。

2. 吃得过饱。

入海前吃八分饱就好，不然你入水后会很难受。

3. 到达海边后，盲目往海里冲。

正确的做法是先看看附近的环境和标志。比如，附近适不适合游泳，有没有礁石。观察海水的涨潮情况。一旦涨潮，你离海边就会越来越远，这是极其危险的。

1. 做好热身运动再下海。

做热身运动时，可以跑步、做操，放松肌肉。同时，可以用少量海水冲洗躯干和四肢，这样可以使身体尽快适应水温，避免出现头晕、心慌、抽筋、肌肉拉伤等情况。

我的胳膊拉伤了！

2. 了解海边浴场的深水区和浅水区。

下海前，要了解清楚海边浴场的深水区和浅水区。小伙伴在海中游泳时最好沿着海岸线平行方向游，游泳技术不精良或体力不充沛者，不要游得太远。

深水区

浅水区

3. 了解自己的身体状况，不勉强游泳。

我吃得太饱了，不适合游泳。

身体过于疲劳、乏力，情绪激动，吃得太饱或觉得肚子很饿，都不要下海游泳。

平时四肢容易抽筋，或者患有慢性疾病，比如中耳炎、皮肤病、红眼病等，不宜游泳，或不要到深水区游泳。

4. 在大人的陪同下游泳。

在海边浴场游泳、玩耍时，不管有多少小伙伴在一起玩耍，都要有大人陪同，以保证安全。

如何做一名智慧的小小旅行家

大自然就像一本无字书籍，充满无穷无尽的奥秘和神奇。你看过贝尔的《荒野求生》吗？你是不是也想走出课堂、走出校园，像贝尔那样走进神奇的大自然，尽情地探索呢？

随着年龄的增长，小朋友的各项能力都有所提高，接触的事物越来越多，好奇心、动手能力也越来越强，但是遇到危险的概率也大大地增加。有些孩子觉得自己长大了，能力提高了，也了解一定的自我保护知识，就觉得自己能像贝尔一样，去探索大自然。其实，贝尔在探索大自然的过程中，经常会遇到潜藏的安全隐患，只不过他能运用丰富的经验和能力进行应急处理，脱离危险。

你可以和贝尔一样有一颗勇敢的、充满好奇的心，但是目前还不能像贝尔那样独自去野外探险。你知道吗？许多专业的探险队都会遇到难以处理的情况。

当然，如果你很想探寻大自然的奥秘，可以在老师的组织下，也可以在爸爸妈妈的陪同下去旅行，走进大自然，感受、体验大自然的神奇。

走进大自然后，需要注意什么呢？首先最重要的就是安全问题，其次是饮食卫生问题，在外吃东西、喝水时，一定要注意卫生。

出门前，你一定要考虑一些安全问题，比如，要穿运动鞋或旅游鞋，上下车的时候不要拥挤，有危险警示的地方不能去，有危险警示的物品不能触摸，等等。

在每一次旅行之后，建议你及时总结遇到的安全问题，并且想一想"下一次怎么做更安全"。

第 4 章

我遇到事情不惊慌

安全知识点：
·遇到有人落水应该怎么做·

安全智救落水者

周末，悦心和原原等小伙伴在河边玩耍。悦心趴在河边洗手，一不小心掉进了河里。

"快喊人帮忙！"原原一边冲着小伙伴们叫喊，一边准备救人。

原原用右手牢牢抓住岸边的栏杆，身体重心往前倾，然后左手抓住悦心的衣服，使劲儿往岸边提拉。

把悦心拉到岸边后，原原将自己的身体重心往后移，稳稳地跪在岸边，然后腾出右手，抓住悦心的一只胳膊，最后终于将悦心拉上了岸。

原原将悦心的腹部放在自己的大腿上，让她头部向下，按压她背部，迫使呼吸道和胃内的水流出。

赶过来的悦心爸爸表扬了原原，说他没有盲目地跳入河中救人，而是根据现场地形和自己学过的急救常识，机智地救了溺水的悦心，也确保了自己的安全。

贸然下水救人可能会发生的危险

1. 孩子正处于成长阶段，力气不够大，也不懂救落水者的技巧，很容易被落水者拖着一起溺水，不但救不了人，反而让自己也面临生命危险。

2. 不了解水域的相关情况，比如水的深度，有没有水草、淤泥和暗流等，很容易发生意外。

看见有人落水了应该怎么做

不能这么做 ✖

1. 会游泳，下水去救人。

不管小朋友会不会游泳，都不能下水救人。虽然小朋友会游泳，但是不懂救人的技巧，无法对他人进行施救。游泳和在水里救人是不一样的。

2. 吓傻了，什么都不做。

遇到紧急情况时，要努力保持冷静，做自己力所能及的事，比如大声呼叫、拨打急救电话等。

应该这么做 ✔

1. 大声呼救。

一旦发现有人落水，一定要立刻大声呼叫，引起别人的注意，争取得到更多人的援助。

有人落水了！

2. 智救落水者。

观察身边有没有可以利用的工具，比如长杆、绳子、木板等，让落水者抓住，然后将落水者拉上岸，还可以将一些能在水面漂浮的物体，比如游泳圈、泡沫板之类的扔给落水者，让他漂浮在水面上等待救援。

3. 拨打急救电话。

拨打 110、120 等急救电话，以便得到专业救助。

有人落水了！

4. 掌握简单的溺水现场急救方法。

一旦发生溺水，超过 2 分钟就会失去意识，超过 4 分钟大脑就会因缺氧而受损。溺水后 4—6 分钟是溺水者的黄金抢救时间。

遇到溺水事故时，现场急救刻不容缓，心肺复苏是首要的急救方式：（1）将溺水者救上岸后，立即清除其口腔、鼻咽腔的呕吐物和泥沙等杂物，保持呼吸通畅；（2）将其舌头拉出，以免舌头后翻堵塞呼吸道；（3）将溺水者的腹部垫高，使胸和头部下垂，或急救者抱着溺水者的双腿将其腹部放在自己的肩部，做走动或跳动"倒水"动作。

心肺复苏可采取口对口或口对鼻的人工呼吸方式，在急救的同时应迅速将溺水者送往医院救治。

小朋友游泳时预防溺水要做到"六不"：不要到陌生的水域游泳；不在没有家长或其他成年人陪伴的情况下游泳；不私自下水游泳；不擅自与他人结伴游泳；不到无安全设施、无救援人员的水域游泳；不熟悉水性的孩子不要擅自下水施救。

进山坚决不燃火

清明节到了，妈妈带着悦心到山上给外婆扫墓。

妈妈准备给外婆烧纸钱，这是他们当地的习俗。悦心看到坟墓旁有很多枯草，就对妈妈说："妈妈，我们老师说了，烧纸钱容易引起山火。旁边有那么多枯草，您小心点儿。"

"没事，这么多年来我都是这样烧的。"妈妈一脸的不耐烦。

一开始，火苗小小的，突然，一阵旋风刮来，火

苗一下子蹿得老高，还有些火苗飞进了旁边的枯草丛里。刹那间，枯草就"噼里啪啦"地烧了起来。

妈妈一下就慌了，赶忙去拍打火苗。可是风越来越大，妈妈拍灭了这里，那里又烧了起来。悦心被吓得不知所措，傻傻地站着。妈妈气喘吁吁地喊道："小傻瓜，你快点儿打119，请消防员来灭火啊！"

旁边的人们也都赶过来帮忙。大家一起努力，想拍灭火苗，可是火越烧越旺，开始向旁边的林子蔓延。

幸亏消防员赶来得很及时，把火扑灭了。

回到家后，妈妈还有些惊魂未定，嘴里不停地念叨着："吓死我了！吓死我了！真不该烧那些纸钱！"

悦心给妈妈提了个建议："妈妈，我们明年用鲜花祭奠外婆吧。"妈妈抱着悦心，点了点头。

在山林里点火可能会发生的危险

1. 山林里到处是易燃物，一不小心就会引起森林大火，造成巨大的损失。

2. 森林大火会困住山林周围的村庄，造成人员伤亡和财产损失。

3. 森林大火会烧死很多动物、植物，还可能让某些物种灭绝，造成不可挽回的损失。

为什么不能在山林里玩火

不能这么做 ✖

1. 认为自己能控制好。

就像悦心的妈妈，认为自己以前这么做都没出事，觉得这次也不会有事。结果，一阵风吹来就引发了火灾。清明时节，一些地方还保留着传统的扫墓习俗，森林火灾也因此进入高发期。

一时的疏忽大意，一点点的火星，都可能引发森林大火。

2. 模仿农民烧田。

农民烧田也是存在危险的。

应该这么做 ✔

1. 任何时候都不能随便点火。

任何时候小孩子都不能玩火。如果需要进行与火有关的活动，一定要有大人在一旁指导和监督。

2. 及时阻止点火行为。

如果你看到小朋友在玩火，不仅不能加入，还要及时劝阻。如果你自己劝阻不了，一定要马上去找大人来阻止。

小朋友,这里不能点火!

3. 发现火灾，要立即拨打火警电话。

向消防员报警时，拨通电话后，要沉着、冷静，注意倾听消防员的询问，准确、简洁地回答，讲清楚火灾发生的地点、着火的物品、火势的大小，是否有人被围困，以及是否有危险爆炸物品等情况。还要讲清楚报警人的姓名、地点和联系电话。

防空警报拉响了

放学了，原原和巍巍一起回家。

巍巍问原原："老师今天讲的防空知识你都记住了吗？明天还要进行防空警报演练呢。"

"我都记住了，你呢？"
原原说道。

巍巍认真地点点头，说："我也记住了！"

第二天，防空警报演练前，老师又讲解了一遍注意事项，"同学们，听到防空

103

警报时，应该就近找到防空设施隐蔽起来。记住，如果情况紧急，无法进入防空设施时，要利用地形、地物就近隐蔽。大家还记得要怎么做吗？"

一个同学举起手，大声回答："如果正在街上，要迅速停下车辆，进入地下室、地铁站或建筑底层等处隐蔽，不要在高压线、危险房屋和油库等易燃易爆危险品处停留。"

另一个同学说："如果正在公共场所，比如商店、影剧院、车站码头，应该听从指挥，有序分散隐蔽，不要慌张、不拥挤、不乱跑。"

原原回答了在室内的防空知识要点，"可以藏身在楼房的底层走廊或楼梯处。情况紧急时，也可以趴在床下、桌子下，或者蹲在墙角，千万不能靠近窗口或露天阳台。"

巍巍回答了在空旷处的防空知识要点，"可以就近选择低洼地、路边沟、土堆旁或大树下疏散隐蔽。"

老师高兴地点点头，说："大家回答得很好！现在我们开始演练，请大家做好准备！"

忽视防空警报可能会发生的危险

一旦发生突发事件，就无法沉着应对、保护自己。在撤往避难场所的过程中，慌慌张张，不听指挥，容易摔伤或者被拥挤的人群踩伤。依据《中华人民共和国人民防空法》，小朋友要掌握空袭、核污染等突发事件情况下的应急疏散、避险自救知识，增强师生防空疏散、自救自护的应变能力，从而最大限度地预防和减少突发事件造成的损害。

防空警报响起时应该怎么做

不能这么做 ✖

1. 没把防空警报当回事儿。

听到了防空警报声，认为就是演练，不当回事儿，没想到是真正的防空警报，结果发生了意外，受伤了。

2. 慌张恐惧，不听指挥。

听到防空警报后，看到人们争相跑往避难场地，害怕得哇哇大哭，不知所措，也不听从工作人员的指挥，不跟随人群撤往安全的地方。

应该这么做 ✔

1. 遵守秩序。

防空警报响起时，会涌出很多人，这时人多路窄，容易发生拥挤和碰撞，一定要听从指挥，遵守秩序，合理有序地撤离，不要争抢。

2. 立刻躲到安全的地方。

时间就是生命！不要慌张和惊恐，沉着冷静，迅速躲进附近的防空设施，蹲下并用双手抱头，脸部尽量贴在两臂之间，保护好自己。

3. 应用相关的防空知识。

学会辨识防空警报声：预先警报鸣 36 秒，停 24 秒，反复 3 遍，共持续 3 分钟。了解可以安全藏身的地方，并熟悉附近的避难场所。

4. 帮助和引导他人躲进防空设施。

如果防空警报响起后，发现有人慌慌张张，不知道防空设施在哪里，你要给他提供帮助，引导他一起躲进防空设施。

安全知识点：
· 地震了怎么办 ·

地震来了要冷静

学校组织孩子们一起看电影。影院里很安静，大家都被影片的内容深深地吸引了。

突然，地板剧烈地晃动起来。前排的唐老师最先反应过来，他大声叫着："地震了，大家不要慌……"

但是，大家都很慌，凯凯和几个同学赶紧往椅子下钻。几秒钟的时间，整个影院垮塌了。凯凯只感觉脚下一空，人直往下掉，"轰轰"几声巨响之后，四周突然变得异常安静。

这只是一瞬间的事情，凯凯就被埋在了一片黑暗之中，耳边传来哭喊声，这哭声让他的心里很慌张。

突然，一个声音从头顶上传过来："我是原原，还有谁在？"

"我是巍巍。"

"我是辰辰。"

"我是强强。"

……

十几个声音陆续响起来，熟悉的声音让凯凯镇定下来。

"我是凯凯。"凯凯喊出这句话后，努力让自己适应"新的环境"。

凯凯的右手被一块预制板紧压着，他想用左手推开那块预制板，把右手拿出来，可是沉重的预制板丝毫不动。他的双腿被两块水泥板挤压着，也是一点儿动弹不了。

在最初的慌乱过后，凯凯感觉到了口渴，他伸出舌头，舔了舔嘴唇。但是周围没有水，他只好忍着。

头上的微光渐渐消逝，黑夜来临。为了让大家保持清醒的头脑，被埋在废墟里的同学们开始唱歌，大家相约定下的规矩是：一个人唱两句，下一个人接着唱。

第一个晚上，凯凯没有睡觉，身边的同学帮他度过了最初的恐惧，他坚信自己一定可以出去。

光线再次从缝隙中透进来，同时也带来了新的希望。一大早，外面的脚步声让同学们为之一振，十多个人在数了"一、二、三"后，一起大声呼叫："这里有人，快来救救我们！"

救援人员发现了被埋在废墟下的同学们，凯凯和同学们都得救了。

地震可能带来的危险

1. 没有及时逃离，被埋在地震造成的废墟里，受了伤。

2. 地震发生时慌乱逃离，发生了危险。有人在地震时急于逃生，从高楼层跳了下去，导致受伤。

3. 逃离时不听指挥，在慌乱中出现了踩踏事故，被踩伤了。

地震了怎么办

不能这么做 ✖

1. 第一时间从房屋里往外冲。

一般来说，地震都是突然发生的，人们往往措手不及。如果地震来得又快又猛，而你住的楼层很高，千万不能立刻往外冲，不然会被掉落的东西砸到。

2. 躲到楼房、树木等高大物体的下面。

地震时，在室外要尽可能跑到空旷的地方，远离楼房、电线杆等高大的物体，万一它们倒下来容易伤砸人。

3. 躲到地下通道、隧道等地方。

地震时产生的碎石很容易堵住地下通道、隧道的出口，万一人被堵在里面，既不容易撤离，也不容易被搜救。

应该这么做 ✔

1. 第一时间跑到空地上。

发生地震时，如果外面就是操场、花园等空旷的地方，要快速跑到空地上。

2. 躲到坚固物体的三角空间处。

来不及逃跑的时候，要立刻躲到一个坚硬物体的角落里，这样可以避免被掉落的物体砸到。

若发生地震时处于教室中，可以立即躲到课桌下面，也可以躲到墙角处，并用双手抱住头部。

　　若发生地震时，你在影院、体育馆等处，要保持沉着冷静。当场内因为断电一片漆黑时，应该就地蹲下或躲在排椅下面，注意避开吊灯、电扇等悬挂物，用书包等物品保护头部。

　　若发生地震时在商场、书店、展览馆等处，应该就地选择结实的柜台、商品（比如低矮的家具等）或柱子边，或者内墙角处就地蹲下，用手或其他东西护住头部，也可以在通道中蹲下，但是一定要避开玻璃门窗和橱窗等易碎的物体。

　　3. 保持冷静，听从指挥。

　　地震发生时，一定要保持头脑清醒，镇定自若。只有镇定，才有可能运用平时学到的地震知识。不能贸然乱跑，一切要听指挥，有组织、有序地逃离。

海啸来临不要慌

暑假的一个早晨，在海边度假的悦心一家经历了一件惊险的事。

当时，悦心正在沙滩上和小伙伴们开心地打水仗、堆沙堡。突然，海面上发生了奇怪的事情。

"我看见海水开始冒泡，泡沫发出了'咝咝'声，就像煎锅一样。"悦心回忆道，"海水快速地往后退，小船也随着海水往远处

漂去。”

海啸就要来啦!

悦心一下就认出这是海啸来临的迹象。

于是，悦心对妈妈说：“妈妈，海水有些不对劲儿，我觉得海啸就要来了。”但是妈妈并不相信，说那是海水的正常现象。

没一会儿，悦心变得烦躁起来。于是，爸爸带着悦心返回了酒店，悦心将自己的发现告诉了酒店的工作人员。

这名日本厨师和酒店的工作人员看了看海面，立刻拉响了警报，提醒正在海滩上游玩的人。很快，海滩上的人就撤离到了安全地带。

几分钟后，滔天的巨浪涌上了海滩，淹没了树木、汽车等。幸运的是，没有一个人在这场海啸中受伤。

遭遇海啸可能会发生的危险

发现海岸边的海水突然异常增高或者降低，可能是海啸的预兆，应该立刻离开地势低的地方，否则容易被海水吞没。

海啸来了应该怎么办

不能这么做 ✖

1. 无视海啸预警。

没有把海啸预警当一回事儿，继续在海滩上玩耍，结果发生了危险。

2. 不听他人的提醒。

认为对方的提醒是在胡说，根本不放在心上，自顾自地玩，没有随着人群撤向安全的地方。

应该这么做 ✔

1. 别磨蹭，尽快躲到安全的地方。

海啸比普通的海浪大得多，速度也快得难以想象。所以一旦听到海啸警报，千万不能磨蹭，应该迅速往地势高的地方跑。

2. 认真收听新闻广播。

即使躲到安全的避难地方，也要认真收听天气预报，随时关注海啸的信息，因为海啸随时可能再次发生。在

注意！
十分钟后
海啸还会来

警报没有解除的时候，应该待在安全的地方，不要再回到海岸边。

3. 去海滩度假前，建议了解关于海啸的知识，以防万一。

海啸前兆指海啸发生或登陆前的预兆。常见的海啸登陆前兆现象大致有四种：一是海水异常暴退或暴涨；二是离海岸不

远的浅海区，海面突然变成白色，前方出现一道长长的明亮的

水墙；三是位于浅海区的船只突然剧烈地上下颠簸；四是海水

冒泡，并突然开始快速倒退。

遭遇自然灾害时应该怎么做

我国是世界上自然灾害最为严重的国家之一，地震、台风、雷击、泥石流等灾害种类多，分布地域广，发生频率高，灾害风险大，灾害损失严重。

你知道每年的5月12日是什么日子吗？是的，从2009年起，每年的5月12日是我国的"防灾减灾日"。因为2008年5月12日，我国四川省汶川县发生了新中国成立以来破坏性最强、波及范围最广、灾害损失最重、救灾难度最大的一次地震。

"防灾减灾日"的设立让全社会高度关注防灾减灾的工作，增强防灾减灾的意识，推广普及防灾减灾的知识和避灾自救的技能，最大限度地减少自然灾害造成的损失。

那我们在防灾减灾工作方面可以做些什么呢?

培养危机观念和生存意识,提高自救互救能力,既有益于家庭,也有益于社会。

在遭遇台风、雷击、地震等自然灾害意外情况时,可以这么做:第一,遇到突发情况时,要保持镇定,不要慌张。第二,遇到突发情况时,运用所学的知识积极应对。第三,发现有人受伤,应立即组织人员进行救护或拨打120,将伤者送往医院。

在日常生活中,我们要多重视安全教育,从我做起,做到安全意识在我心中,多学习一些安全知识,要学会观察、学会思考、学会总结,用知识守护生命。